You can hear
the voice of
green

Deco Room with Plants

in NEW YORK

紐約森呼吸
愛上綠意圍繞の創意空間

川本 諭
Satoshi Kawamoto

文化衝擊所演化出的植物藍圖

每當進入一個新的城市之中，許多來自四面八方的文化，衝擊著感官
與思維，每種靈魂的狀態具有因應變化後而成立的生活技能，藉由觀
察、搜集、研究、探索……逐步理解並找尋直覺性熟悉的規則和語
彙。創作者慣性的蒐藏動作將每件念頭藏匿在當下的運轉之中，生產
出本質內可體現的堅持與創造力，同時勾勒出領域性的無形侵略。
作者大量運用圖片詮釋出個人生活經驗在空間與植物上的解讀，從展
覽、經營概念性店面、居家空間打理、生活片段的分享……並可透過
作者本人與Patricia Field、鈴木大器等兩位時尚產業重量級人物的對
話，更進一步閱讀到川本 諭在紐約的Green Fingers注入的時間與企圖
書寫的藍圖，翻閱的過程總是能夠在細微處發現意想不到的念頭與驚
喜。

質物霽畫 負責人　李霽

2

與植物的情緒交換儀式

生命中的情感、生活、關係、環境、語言、能力……都是依附時間層
層堆砌出的體現。植物如同，生長於海濱、山間、鄉野、城市，以不
同的姿態與滋養，在新芽舊葉間，堆疊出合適自己生長的方式。同樣
依著陽光雨水，在日益緊湊擾攘的生活步調與密集層疊的居住環境，
我們與植物的關係在一動一靜的相似中，似乎成為一種生活中相互鼓
舞與慰藉的情緒交換儀式。

不追求完全的完美，從寧靜明亮的桌面角落到人來人往的城市街道，
川本 諭保留了植物個體存在的獨特性，以粗獷直截的情感與想像，細
膩堆砌植物與生活的各種可能性，進入最貼近的生活感官，所有花葉
的成長或凋零都會隨著情緒的流動而宛轉。

於是我們因植物忘記了城市的平靜與喧擾，情緒也將會從這本書中找
到最好的交換方式。

L&F 負責人　　廖浩哲

Preface
序

距離上一本作品《Deco Room with Plants》出版已過了一年半。

我周圍的環境，也產生了各式各樣的變化。

其中最重大的，便是在紐約開設

GERRN FINGERS的第7家分店。

以日本為主的生活重心，轉移至紐約，

以整個城市為表演舞台來發展創作，並從中獲得新的刺激，

能生活在這樣的環境之中，我感到相當幸福。

在龐大資訊縱橫交錯的現在，

希望讀者也能在我創造的空間中感受到些什麼。

期待你在閱讀這本書的時候，

有些想法能夠觸動你心中的感性思維。

Satoshi Kawamoto

Contents   Preface 序 *2*

※本書記載的商店資訊為製作時的資料，
有變更之可能性，煩請見諒。

all over the town ...

plants on many places

MakeSpace

BASE
BTM
CHROMA

PULL

COS
WAS
HER

U got GREEN FINGERS

以植物點綴人

CONTENTS |

House STYLING

～綠意盎然的川本家 in NY～

在承租公寓約一年後，川本 諭將這個漸漸從日本轉移生活重
心的空間，打造成充滿在當地發現的古典家具和藝術品、植
物的家。連油漆都很講究的牆壁顏色、堆疊的西洋攝影集、
使用古老配件的布置設計等，完全凝聚了他在紐約的生活中
更加洗練的感性。展現出布置技巧的創意構想，散布在房間
各處，一定能夠激發你的想像力。

SATOSHI's NY HOUSE
DOOR & SHOES SPACE

玄關的牆面整齊地貼滿銀色的錫板，設計靈感來自於海外的
古老餐廳，及古老建築物的天花板和牆壁。將以六片小錫板
為一張的壁板，像壁紙一樣地緊緊黏貼於牆面。這些錫板是
在當地的量販店發現而購入的。將老舊的木箱底部靠牆，往
上堆疊，作為鞋櫃使用。箱子內貼上一些舊報紙或明信片，
就能營造出懷舊的氛圍。另外將不使用的烤箱當作鞋櫃再利
用。餐具櫃也可以改放鞋子或T恤，代替衣櫃使用。

kitchen ⟶ ~~cook~~   Kitchen ⟶ closet

LIVING & DINING

打開大門，映入眼簾的是客廳和餐廳。牆壁的顏色是以前就想挑戰的黃芥末色。釘在玄關旁牆上的小木架，是利用舊家具的一部分改造而成的。雖然深度較淺、又有許多小隔板的木盒常令人不知該如何利用，但可以擺放小型的多肉植物，再加上一些卡片，打造成文藝風。如果改設置在廚房的牆上，也可以放置調味料；發揮更多的創意，變化也更加多端。將毛巾放入工具袋，或將舊袋子當作盆栽等，將收納也融入裝飾之中。

貼在牆上的金屬製紅白裝飾品，是在跳蚤市場購買的。我也很推薦買些喜歡的裝飾品，貼在牆上裝飾。將書本立在盆栽周圍，遮住部分封面的感覺，更為布置增添一點玩心。

這邊是放置飾品及眼鏡、領巾等，出門前裝扮飾品的地方。由於這裡不會被外面的光線照到，擺放的東西也相當多元，可放置內有人造植物和青苔的玻璃容器、或紙製的藍花，包包裡則插上一束乾燥薰衣草，選擇不須整理的植物來布置。後方當作盆栽來使用的骷髏頭，其實是紙製的萬聖節糖果盒。若使用人造植物，無論搭配何種材質的花盆都OK，這點很令人開心。

放置在客廳、餐廳和臥室之間的壁櫃，旁邊牆壁的顏色油漆成稍微保守的米色。為了不和隔壁的黃芥末色衝突，放置在同一空間的厚椅墊，便選用灰色或深藍色等能兼顧整體性的顏色。擺放一些長得較高的植物，可以帶出空間的立體感，讓整體產生層次。將壁櫥的門貼上黑板，便可隨意塗寫，為了練習繪畫而特地選用這項素材。黑板上的圖樣，是當初搬來時所畫的。

LIVING & DINING
Arrange 1

　將襯托出深藍色沙發的客廳＆餐廳的大片黃芥末色牆面，當作畫布般來裝飾布置。左圖是
將在古董家具店購入的畫作，掛在正中央裝飾。周圍隨意擺放一些大型的乾燥花，營造出
古典的氣氛。畫上更作了一些改造，刷上新的油漆字樣。在上方的畫框邊，裝飾一片尤加
利葉，便完成了一幅藝術作品。右圖則是將各式各樣的蕨類葉子一片片排列，以膠帶黏貼
在牆上裝飾。另外加上剪報、卡片及鞋子等。將鮮花掛在牆上靜置一段時間，便會直接變
成乾燥花。

以早晨的餐桌為主題,清爽的木桌上排列著色彩繽紛的水果和優格。桌旁點綴一些當季的鮮花,顯得更有個性。桌內的外文書籍和薰香,採用粉紅或咖啡色等暖色系,表現出溫暖的氛圍。而放置在中央的盆栽則選用鮮豔的綠色,更加深層次感。

主題是夜晚的餐桌，充滿野趣的木桌擺放著啤酒、爆米花及準備享用的醃漬小菜。由於是以綠色和咖啡色兩色為主，避開了其他色彩來挑選裝飾品和植物，感覺相當沉著穩重。整體均為深色系，是相當雅致的情境。

BATH ROOM

浴室由於空間有限，因此可利用牆面或水箱上方的空間來裝飾。植物也不需選擇太大的，而是以適合此空間的小型尺寸為主，挑選可半日照的植物。將空氣鳳梨吊掛在牆上，也是一項裝飾重點。牆面的色彩，是擬定介於灰色和咖啡色之間的顏色，再請油漆公司特別調配。

BED ROOM & WORK SPACE

灑落著陽光、通風且舒暢的空間，百年屋齡的公寓特有的兩扇對稱窗，及可愛的暖氣罩等舊式設計，正是此屋的魅力所在。旁邊放置著紐約藝術家Curtis Kulig的作品，是一處交織著紐約懷舊美麗風情和現代藝術感性的空間。

以購自Front General Store的老式安全別針，吊掛空氣鳳梨當作壁飾。鴿子圖樣的不織布三角旗，搭配床單的顏色，表現出一體感。常無法有效利用的房間角落，只要擺放一些存在感強烈的植物，便能豐富牆面的空曠空間。若想讓植物看起來更有高度，建議可擺在椅凳或窗台上。

Thanks
Curtis!
It's my own
"LOVE ME"

可以眺望有著紐約風情的紅磚牆壁和街頭藝術
的床側窗邊，當朝陽升起時，便會透過玻璃燈
射入閃耀的光芒，增添清爽的氣息。骰子、螺
絲釘和口紅等造型的粉筆，是友人贈送的禮
物，隨意地擺放也相當可愛。盡量將植物放置
在可充分沐浴到陽光的窗邊，植物也會更顯出
活潑生動的表情。

Living with my kids

BED ROOM
Arrange

利用大型植物來改造窗邊的空間，左圖是以多肉植物為主來裝飾。重點是擺放各式大小的盆栽，帶出立體感。由於擺滿了存在感強烈的多肉植物，可打造出叢林般層次豐厚的窗邊風景。右圖則是以常作為配角的青草類為重點來裝飾。彷彿將草原的一部分擷取下來的大型盆栽，只要擺放一盆，便能將周圍的氣氛轉變為自然的風情。花盆以畫具重新塗刷，費了一番工夫。

WORK SPACE
Arrange 1

以空氣鳳梨愛好者的房間，和多肉植物愛好者的房間為靈感，設計出兩種不同的室內裝飾。左圖重點是葉子總是伸得細細長長、常用於室內裝飾的空氣鳳梨；只要擺放一株，便可營造空間的沉著感。由於不必使用土壤或盆器，方便布置即是它的魅力所在。右圖是以有著豐腴肉厚的葉片或富含個性的外型，相當引人注目的多肉植物來布置。植物和花盆的色調相互襯托，滿溢著溫暖的氛圍。搭配有男性風格的小物或古董雜貨，也相當適合。

WORK SPACE
Arrange 2

clothes
+
bags
+
plants
= LIFE

將衣服和包包也當作室內裝飾的一部分。包包當作套盆來用的構想很容易實現，只需簡單的步驟便能讓氣氛煥然一新。不只觀葉植物，鮮花、乾燥花、枝條等任何植物都可搭配應用。從左起，是以長版外套搭配皮革手提袋和外文書，袋中再插上空氣鳳梨。接著是以圍裙搭配褪色的托特包，營造工作氛圍。胸前口袋插上粉紅色小花，增添可愛氣息。接下來的T恤，是在LA的二手衣店Filth Mart中所購得的現場手繪珍品。想要表現出隨興的整體氛圍，植物可選擇有個性、有朝氣的種類。最後是在橘色的復古外套底下，擺一雙由Curtis Kulig手繪，全世界獨一無二的布鞋。植物則選擇色調較深，給人沉穩感覺的種類，來襯托作為主角的衣物。一次搭配衣服、小物、包包，找出和自己最搭的布置風格吧！

CONTENTS II

FRIEND'S
PLACE ~•~
STYLING

〜綠意盎然的友人空間〜

獨自佇立至今的房子、時尚獨間的都會公寓、帶著紐約風格，
簡約俐落時尚風的小店等……本單元將突擊擁有百年以上的歷
史，象徵紐約日常生活的友人住宅及店鋪，為他們作植物布
置。配合不同氛圍的室內設計，提出了美式復古、洗練時尚、
及簡約風格等布置構思。藉由增加植物擺設，為熟悉的環境帶
出新的魅力。

將寫有BAR字樣的燈泡倒吊，插上空氣鳳梨，形成視覺焦點。櫃台的部分，則使用桌子等家具，使人站在櫃台前，視線能落在植物上，利用空間的寬度，作出有立體感的設計。想要在房間裡放滿植物，比起全部擺在同一個地方，營造出一個主題來擺設的效果會更好。另外，將植物擺放成從任何方向看都不會有所重疊，整體平衡性會更佳。先從一盆植物擺起，一邊考量整體平衡一邊增加盆栽，是設計師一貫不變的祕訣。

Monroe Garden Studio

Monroe Garden Studio and Showroom
213 Taaffe Place, #106
Brooklyn, New York 11205 U.S.A.
Showing by appointment only,
http://www.monroegarden.net/

以印地安人造型的書擋夾住盆栽，當作一件裝飾品。可以在旁邊擺一小盆多肉植物，或色調較淺的植物，增添可愛氣息。再加上一些有美麗裝飾的鏡子或乾燥花等小物，可愛度更是大增。打字機或地圖等古董雜貨和植物也非常相襯。擺放一些外型較具個性的植物，或葉片厚實的多肉與色調較深的植物，表現出有男性風格、沉著冷靜的世界觀。

配合床邊櫃子的高廣，選擇葉片垂落的植物類型。其他植物則像融入檯燈和書本般，隨意地擺放。以爆米花的空袋子包裝的花瓶，也可以其他的紙袋或布袋來代替。放入有水的杯子或廣口瓶，讓能夠享受插花的樂趣。閒置的工業風抽屜，可以隨意擺放多肉植物或空氣鳳梨，打造出一座有個性的室內花園。

work space became a garden

movable
indoor
garden

準備各種高度的盆栽，隨意擺放在古董推
車中，展現出立體感，便完成像是擷取一
個小花園般的造景布置。放置於後方的梯
子上隨興擺上幾盆多肉植物，這樣的點子
應該馬上就可以學起來吧！桌上擺了小型
空氣鳳梨或多肉植物，一邊看書一邊凝
望，感覺也非常棒。

【 BRF MADE GINGER SYRUP 】
由BROOKLYN RIBBON FRIES手工生產的生薑糖漿。
加入汽水中就成了薑汁汽水，加入熱紅茶中則可作
成生薑紅茶，也可用於料理或甜點，是萬用的濃縮
糖漿。http://brooklynribbonfires.com

John and Ho's home office

John and Ho 自宅兼事務所

在有高度的架子上擺放植物的方式，要讓整體
看起來平衡，選擇植物的種類就相當重要。將
葉子會垂下的植物放在較高的位置，植物也能
成長地更加漂亮。不要在所有的架子上都擺滿
植物，而是隨意擺放。將小盆栽放在窗邊，還
能夠欣賞到盆栽和窗外的曼哈頓高樓大廈群的
合作演出。適合搭配形象清爽洗練的室內的
是，有著細長葉片的植物。簡單地擺設，就能
表現出清冷的感覺。

讓手掌造型的裝飾品拿著空氣鳳梨，更加表現出藝術感。將藝術和植物結合，可以欣賞到富有個性的世界。在平時看慣了的擺設中，加入新穎的玩心，打造出自己的風格，是裝飾布置的第一步。

將包包當作套盆，放置在房間的角落或看起來單調的地方，立刻就能打造出一個特色焦點。只要在包包中放入花盆或器皿，只需花費簡單的工夫，也是這項設計的魅力。選擇看起來豐厚，高度和包包高度搭配的植物；為了表現出包包的老舊感，稍微擺放得有些歪斜和皺褶，是裝飾的重點。

整齊排列著基本色系衣服的Save
Khaki店舖風格，是將室內布置和衣
物融合在一起的自然風。藉由搭配植
物或花盆的色調，和擺放在一起的雜
貨色系，便可為特定的地方營造出溫
暖的自然氛圍。在平常用來放領巾的
玻璃瓶中，放入整個盆栽，作成一件
裝飾品。搭配相當有個性的狗臉造型
開瓶器，讓空氣鳳梨也展現出純真的
形象。

SK 55   SK 034   SK 92G

Save Khaki

Save Khaki

S.K.U. 317
317 Lafayette Street New York, NY 10012
http://savekhaki.com/

as you like ...

鐵絲籃中擺著彷彿和襪子一同隨意放入，可愛且自然不做作的空氣鳳梨。令人聯想到鳥巢般，葉片細長且直的外型，和這個空間絕妙的相融在一起。

套盆的構想，可以來自能像書一般打開的物品，或像包包一樣袋狀的東西，改造的方式也相當多樣化。例如以舊繪本的書皮遮住盆栽，便成為在現代感中流露著復古風情的裝飾。只要是能開闔的物品，即使是藥箱也能變身成套盆，潔白光滑的感覺，帶給人近現代藝術的印象。是種能依據選擇的材質不同，為室內帶來不同特色的萬用擺飾。

Thanks for coming to GFNY!!

The MARKET by GREEN FINGERS

2013年秋天開幕的GREEN FINGERS第7家分店。陳列著由川本 諭親自挑選，富含個性且沉穩的植物及古董雜貨等品項的店內，儼然是個能享受和植物共同生活的新life style的空間。以享受長年變化的樂趣為重點，為顧客提案能欣賞植物的成長狀態，以及雜貨日經風霜逐漸朽蝕姿態的設計。

5 Rivington street, New York , NY 10003
（於2015/3遷移至現址）
Open: Mon-Sun 12-7pm

在設計簡單的燈具上，裝飾空氣鳳
梨，作成一盞綠意洋溢的燈。其實只
是將空氣鳳梨插入鐵絲燈罩中的簡單
改造。裝飾各種不同種類的植物，即
使只有葉片，也會表現出華麗豐滿的
形象。

將各式各樣的乾燥花插入古董
推車中，變成一件裝飾品。本
次裝飾的重點，是在周圍懸掛
的繩子上，等距吊掛著幾束乾
燥花，讓它看起來像是掛飾一
般。加上一些尤加利葉，氣味
會更芬芳，同時也是非常棒的
室內裝飾。

將小巧但外型非常個性化的多肉
植物與仙人掌，集中擺放在抽屜
中或桌子上。越裡側的盆栽高度
越高，橫向的高度則隨意，為設
計帶出生動感，表現出律動氛
圍。堆疊著舊木箱的牆面，不只
擺滿了植物和花盆，甚至還擺放
了燈具和玻璃瓶等不同的素材，
為整體帶來獨特感。

將抽屜釘在牆上，改造成裝飾架。以淺色調的乾燥花，搭配長著青苔的陶器，打造出古典風味。裝飾架依搭配的物品不同，可簡易轉變形象的特點，很推薦用於布置。只要在房內擺一瓶插著乾燥花或人造花的玻璃瓶，便能表現出一個成熟、有魅力的空間。

在店鋪的開幕派對上展示的藝術創
作，是以人體為造型的繪畫，搭配
植物作成的心臟裝飾。以表現逐漸
枯萎的美的主題，靜置兩個月的時
間便會逐漸凋零，是一件能切身感
受到時間流逝的藝術品。

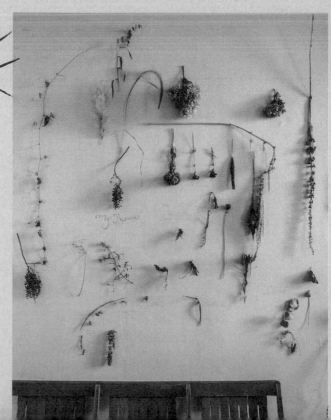

將各種不同種類的鮮花，黏貼在牆面上裝飾。是一件讓鮮花逐漸變為乾燥花，從中展現植物褪色之美的作品。為了配合白牆的氛圍，以鉛筆像塗鴉般隨處書寫繪畫，更加深柔和的形象。

You can hear
the voice of
green

這間可用來當作處理盆栽或進行其他
作業的工作室，是一個擺滿了個性化
植物的空間。將黑板上的繪畫和古董
吊燈等物品，搭配存在感強烈的植
物，便會醞釀出一股獨特的氛圍，自
然形成一幅美好的畫面。

往工作室的後方前進，一打開後門便呈現在眼前的，是一片布滿歲月痕跡的白色磚牆，襯托著綠意的後花園。這個在幾乎沒有植物的狀態之下便開始施工的空間，利用挑高的樓梯井，擺放長得較高的植物，打造出富有立體感的形象。兼具藝術空間的效果，還能夠放鬆身心，儼然為充分表現出川本風格的理想舒適空間。到店鋪逛逛時，不妨也繞到店的後方參觀看看。

走出後花園，位於左手邊的，是擺放著長木椅和綠色長椅的空間。也是大家能夠聚集在一起，聊天交流的場所。相當有歷史感的牆壁和新種植的植物相互襯托的樣子，是一個同時能欣賞寂寥的氛圍和植物成長姿態的絕妙設計。抬頭便可見令人心曠神怡的藍天，在感受著高層公寓和商店林立的紐約街頭的同時，心情也變得更加清爽開闊。

Secret backyard

FILSON NEW YORK

設立於1897年，歷史悠久的戶外用品名店FILSON。為了呈現狂野的戶外感，牆面顏色選用相當深的綠色。利用挑高的天花板和具開放感的天窗，將植物層層擺放，表現出彷彿踏入山林般的感覺。在這裡，川本 諭將親自尋覓到的古董家具穿插在植物中，表現出一直以來存在著的生活正逐漸凋零，令人感受到時光流逝的設計。在牆上覆蓋植物的裝飾，是為了慶祝FILSON NEW YORK盛大開幕，期間限定的布置。

40 Great Jones StreetNew York, NY 10012
Open: Mon–Sat 10–6pm, Sun 12–6pm

在釘有包包作裝飾的牆面，隨意吊掛著空氣鳳梨或青苔，營造更加頹廢的氛圍。自然地擺放在架子上的藤蔓，看起來就像是一束裝飾品。而放置在走廊邊或木椅上的，是以包包為套盆的盆栽。

BARBERSHOP

8

MON-FRI 11-8PM
SAT & SUN 10-6PM

BARBER SHOP

這是川本 諭在紐約經常光臨的BARBER
SHOP。全權交由川本 諭負責的裝飾設計,為
了表現出美髮沙龍的形象,特意設計得日光充
足且通風。採用大型的窗戶,並挑選色調不會
太深的綠色植物來搭配,便成了洋溢著清爽氛
圍的舒適空間。紅白相間的大門和木質的店
內,以及留下的圖樣呈現出的世界觀,和植物
非常相配。

8 RIVINGTON STREET, NEW YORK, NY 10002
Open: Mon–Fri 11–8pm, Sun–Sat 10–6pm

FREEMANS SPORTING CLUB — TOKYO

以布置BARBER SHOP為契機，川本 諭也經手了FREE MANS SPORTING CLUB的第一家海外店鋪FREE MANS SPORTING CLUB-TOKYO。以和紐約的連結為主題，將當地餐廳入口的老舊牆面和植栽的色調，都注入了東京的風格。不過，連結並非等於複製，而是挑選較有個性的植栽，創造出獨特的立體感，繼而表現出自我風格，這也是川本 諭的堅持。

東京都渋谷区神宮前5-46-4 イイダアネックス表参道
Open：[Shop / Barber] 11–8pm，[Restaurantbar] 12–11:30pm

Front General Store

於布魯克林丹波區設立的復古風小店。由於植物和舊物相當相配,所以作成將植物融入雜貨中的設計。店鋪並不是裝飾得漂亮就好,而必須先考量客人進店時,視線會落在哪裡、店內的物品是否明顯等,再作出從任何方向看都很適當的配置,這點相當重要。擺滿了各式魅力商品的店內,植物也須慎重挑選適合各處所的種類。

143 Front St Brooklyn NY 11201
Open: Mon–Sat 11:30–7:30pm, Sun 11:30–6:30pm
URL: Instagram.com/frontgeneralstore

將高度相近的玻璃瓶和小盆栽擺在一起，再四處隨意擺放幾盆鮮豔的仙人掌增添特色，店內到處都是這樣將植物搭配雜貨及古著等商品的創意。另外，原本空曠的牆面，利用天花板的高度來裝飾，看起來更加有立體感。大膽使用尤加利葉的裝飾、以繩子吊掛乾燥花，及掛著三角旗的裝飾品，更為整體布置帶來律動感。

Flagship Pilgrim shop
in Brooklyn

販售衝浪相關用品為主,並以範圍廣大的各式生活風格飾品,受到高度矚目的Pilgrim Surf+Supply。櫃檯後方陳列著獨特商品的櫃子,隨處穿插著植物裝飾,讓植物也化身為生活風格飾品的一員。為了襯托展示商品的色彩,植物裝飾採用以盆栽簡單擺放的風格。

68N 3rd St, Brooklyn, NY   Open: Daily12–8 pm.

Pilgrim Surf+Supply in Residence
at BEAMS HARAJUKU

以和Pilgrim Surf+Supply老闆的交流為契機，川本 諭負責了開設在BEAMS的Pilgrim Surf+Supply的裝置藝術及快閃店。店內擺設模仿紐約布魯克林總店，並將川本 諭親自挑選的玻璃罩、瓶中花、手繪布鞋當作盆栽作成植物組合裝飾。最大的特色是利用老舊的滑板和浮標，表現出充滿海灘味的舒適空間。

※由於是期間限定的快閃店，現在已結束營業。

SLEEPY JONES

休閒＆居家服名品店SLEEPY JONES。川本 諭
在和創意總監Andy Spade會面後，便經手店面
的裝潢布置。品牌表現出的柔和空氣感和以白
色為主的店內，搭配風格加入了鉛筆手繪圖
案。架上碰觸不到的部分則以人造植物擺設，
是同時考量到店鋪管理面和機能性的裝飾。

http://sleepyjones.com/

HANAMIZUKI CAFÉ

有著營養均衡的料理，空間又能放鬆身心的
飯糰咖啡店。這個能夠讓人喘息的療癒場
所，以灰黑色的繪畫映襯白色空間，突顯出
對比感，打造出凝聚的形象。川本 諭在搭配
方面，又以植物、黑板塗鴉及櫃檯的復古風
加工等，增添特色。描繪在牆面上的彩色粉
筆畫，含有享用一道美麗料理的意思。

143 W 29th St, New York, NY 10001
(Between 6th and 7th Ave)
Open: Mon–Sat 11–8pm (Closed: Sun)

2013年9月，於紐約近郊的長島市MoMA
PS1所舉辦的THE NY ART BOOK FAIR，在
東村的創意市集內，Ed.Varie和川本諭在
中庭打造Plant／Book Store／植物 書店
的樣子。

前一本作品《Deco Room with Plants》的銷售會，兼於
MoMA PS1的THE NY ART BOOK FAIR進行的展覽會，以及於
GALLERY AT NEPENTHES NEW YORK舉行的海外初次個展
等，展現出川本 諭無所侷限的表現力的展覽會及藝術會場多
不勝數。本單元將介紹川本 諭和受到他作品感動的人們，衍
生出新羈絆的四個展覽會。他能夠創作出自由且獨特世界的
才能，讓欣賞其作品的人們也提升了感性思維。

THE NY ART BOOK FAIR

2013年9月19日起至22日，舉辦於長島市的 MoMA PS1，匯聚全世界280間以上的出版社、藝術家、雜貨、舊書店的書展THE NY ART BOOK FAIR。川本 諭受到也具有書店性質的Ed.Varie的邀請，負責Plant／Book Store／植物 書店的設計及空間布置。並同時舉辦《Deco Room with Plants》一書的

簽名會，打造以古董家具或雜貨搭配植物的裝置藝術。Plant Book Store設置於來場者均會通過的中庭。不論國內外，都獲得了相當多的注目與支持。

Ed. Varie Plant / Book Store by Satoshi Kawamoto at MOMA PS1

Plant Book Store室內的綠意布置，是以能夠表現出川本風格的深色調配色，搭配富含個性的植物、古董雜貨、鏟子及灑水壺等園藝用具，表現出設計感。看著由世界各國蒞臨書展的來賓，饒富興趣地欣賞展示的身影及諮詢疑惑的樣子，似乎能感受到今後在紐約進行活動的市場反應。

在四天的書展中,觀察展示品和書籍獲得什麼樣的評價,也是本次活動目的之一。看到將日文版書籍拿在手中翻閱的來賓,便能切身感受到自己的作品中,有著不必言傳,只須以眼便能心領神會的力量。這次的經驗對川本 諭來說,已成為他在紐約活動的堅強後盾。

SATOSHI KAWAMOTO exhibition "GREEN or DIE" GALLERY AT NEPENTHES

自2014年1月21日起，川本 諭於GALLERY AT NEPENTHES NEW YORK舉辦首次紐約個展。運用粉筆繪畫及使用各種植物素材來表現人體部位的作品，並非能單以「創作·廢棄」這句自然哲理一言蔽之，而是藉由植物啟發的力量，訴諸觀賞者想像力的作品。藉著結合植物和人體部位，將植物枯萎的姿態和身體老去死亡的樣子連結在一起。另外，「～or DIE」這句話並非表示由DIE聯想到死的意思，而是隱含著「喜愛到死」的意義，表現出藏匿於作品主題的玩心。

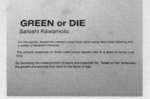

Photographed by Masahiro Noguchi

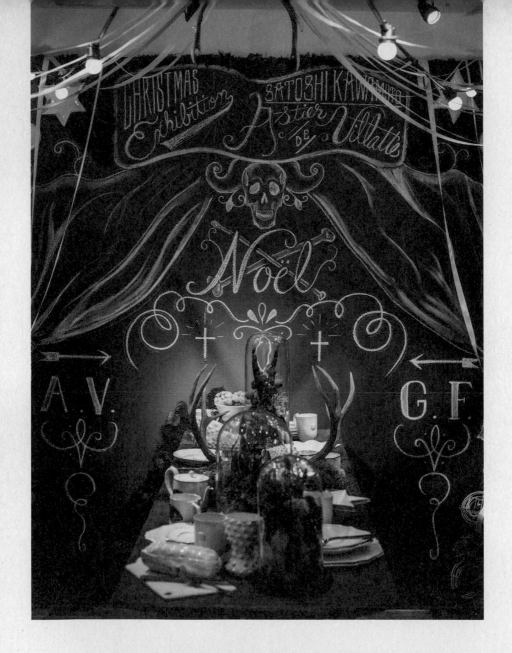

CHIRISTMAS EXHIBITION
Satoshi Kawamoto×Astier de Villatte

自2013年12月17日至2014年1月7日,於 H.P.DECO 好奇心的小部屋 橫濱店,舉辦由 Astier de Villatte和川本 諭負責設計,以陶器為中心,加上玻璃器皿、家具、香料、文具等裝飾布置的聖誕展示會。傳統的氛圍和有著飽滿精神、設計相當美麗的Astier de Villatte的產品,搭配不凋花和乾燥花等有著頹廢氣息的素材,創造出全新的視覺焦點,表現出童話般的創作世界。是一個彷彿闖入神祕而洗練的境地般,讓人感覺猶入夢境的空間。

以活躍於各領域的九位創作家為焦點，展示表現「個性究竟為何物？」的素描。經由野村先生的邀約，遂得以將川本 諭的作品與素描共同展出。

SATOSHI KAWAMOTO

GAP "BLUE BOX PRESENTS."

Gap於2013年3月所實施的計畫BLUE BOX PRESENTS.，主旨是將自己最原本的狀態、生活方式、生活風格攤在陽光下，感受能夠讓自我發光發熱的方式。「個性究竟為何物？」透過活躍於各個領域的來賓，啟發心靈感觸的素描展覽〈ICONS〉（拍攝：小浪次郎）及座談會〈SPEAKS〉，在2014年3月

26日及27日，於Spiral Garden展覽館舉辦。除了歡迎同時身為畫家及創作人等身分，活躍於各領域的野村訓市先生以館長身分莅臨本展，更由川本 諭負責將Gap的ICONIC品項：丹寧服、卡其褲等衣物搭配植物，創作裝置藝術。

在切身感受到對自己作品評價及反應的每一天中，川本 諭拜訪了年
輕時期便對其創作品味及個性相當驚豔，心中抱持著一份尊敬的派翠
西雅菲爾德（Patricia Field），以及憧憬其創作出的世界觀和知識深
度的鈴木大器，進行了兩場足以改變人生的會談。本單元記錄將自己
向世界踏實地邁出一步的川本 諭，和他尊敬的兩位創作家的對談，
並介紹為川本提供靈感來源的品牌，及親自擔任創作的商品。

talk with...
Patricia Field
(Costume Designer, Stylist)

參與製作美國影集《慾望城市》及電影《穿著Prada的惡魔》等人氣作品，
相當具有影響力的造型師派翠西雅菲爾德。
透過共同朋友介紹而會面的兩人，對彼此的第一印象和觀感的共同點，
以及川本 諭為她擔任店鋪和自家施工設計的契機為何呢？

Patricia Field／派翠西雅菲爾德
美國出身的服裝設計師、造型師,在紐約擁有
自己的服飾店。擔任超人氣電視影集《慾望城
市》的服裝師,她以嶄新且具獨創性的時尚風
格一夕成名,2002年並以此作品獲得艾美獎。
2007年更以電影《穿著Prada的惡魔》(2006
年)入圍奧斯卡金像獎服裝設計獎。
電視影集:《Mother Goose Rock 'n' Rhyme》、
《城市大贏家》、《慾望城市》、《醜女貝蒂》,
電影:《穿著Prada的惡魔》、《慾望城市》,
PV:安室奈美惠《60s 70s 80s》

Patricia Field
wery (Between E Houston & Bleecker St)
New York, NY 10012
Open: Mon–Thu 11–8pm,
Fri/Sat 11–9pm, Sun 11–7pm

talk with... **Patricia Field**

**透過友人介紹&頻率相同
因此委託打造店鋪的花園**

派翠西雅(以下簡稱派):我們第一次
見面,是經由共同的朋友介紹的。當
時,每次看到同名商店內枯萎殆盡的室
內花園,心裡就很難過,於是便詢問是
否有可以幫忙整修花園的人。

川本 諭(以下簡稱川):這位朋友說:
「我認識一位園藝設計師喔!」就把我
介紹給派翠西雅小姐了。

派:是的。因為一直想委託給對美學有
高度認知的人,所以在會面前我就相當
期待了。其實之前幫我照顧花園的園藝
師,是個和我的頻率完全不搭的人。他
總是幫我整理成英國風的花園,但我希
望風格能夠更豪邁一點。我還記得一和

諭見面,立刻就有「我們想法很合
喔!」的感覺。

川:即使沒看過我之前經手過的花園,
單靠對話內容,我們也漸漸有了共識。
不光只談花園方面,而是從雙方各自的
想法談起,最後決定先從店鋪施工開始
進行。

派:店鋪是由我以前的家所改建的,現
在花園的位置,是以前的臥室和浴室。
現在變成了店內美容沙龍的花園,也是
由諭負責的呢!那些植物還是相當綠意
盎然喔!之前還住在那邊時,一邊沐
浴,一邊從天花板仰望窗外的綠葉,是
我非常享受的時光。能夠保留這個擁有
深刻回憶的空間,讓我非常地高興。我
真的很信賴你的美感喔!

川:能讓你這麼喜歡我真的很開心。之

前派翠西雅小姐也告訴我,要由我來負
責打理店內的花園。在這之後也將裝飾
派翠西雅小姐家的露台。

**以喜愛的竹子打造獨具匠心的露台
和舒適美好的生活空間**

川:你家的露台,要求以喜愛的竹子來
作裝飾設計,為什麼會選擇竹子呢?

派:一位住在佛羅里達的朋友,在自己
的庭院裡種了竹子,那種像森林般蓬勃
生長的樣子,有種波希米亞風的感覺,
我非常喜歡。另外一位住在希臘的朋
友,也在自家種了長得很高的竹子,看
到的時候我就覺得:「我也好想要!」
我對於日本的植物,像是松樹之類的沒
什麼興趣……還是比較喜歡帶點柔軟風

能夠欣賞一片開闊的紐約街景，吹拂著舒適涼風的露台，是派翠西雅放鬆身心的場所。以她喜愛的竹子來設計裝飾，反映出她不跟風流行的美感空間。

格的竹子。

川：露台一開始就擺著自己買來的竹子了呢！

派：大概一年多以前，我自己去超市買了一些竹子回來，雖然我非常喜歡它們，但到冬天就都枯死了……還有因為不知道該怎麼照顧，又怕長得太高反而容易傾倒，所以剛開始買的都是長得比較矮的品種。諭幫我挑選的竹子，高度和氛圍都很符合我的理想，真是太棒了！

川：謝謝。如果露台的竹子栽培順利，接下來還可以再增加一些植物，室內也增加的話就更好了。

派：是呀！之後也想在房間增添一點植物呢！我身邊的人從以前到現在，無論是家人還是朋友，家裡一定有座花園。

不但是在植物的圍繞之下長大，甚至覺得自己身邊總是擺著植物，是一件很自然的事。

川：我也一樣，雖然在東京出生，不過像祖母家也是在露台種了很多植物，小時候便有很多和植物接觸的機會，非常能理解植物在身邊、相當自然的感覺。

派：自己身邊的事物，就是為自己帶來幸福的事物，我認為這點是非常重要的。我希望生活能過得簡單快樂，也希望能在令人感到happy的地方度過。

**派翠西雅對美感的信念
和對植物想法一致的部分是……**

派：我身為造型師的工作，常常使用亮片、羽毛、毛皮等……這個我想大家應

該都知道，不過說到根本或自我哲學等最核心的部分，我認為則是有機質（organic）。有機質並非是視覺上能感受到的事物，而是指像植物一樣不為所動的感覺。對我來說最重要的事，就是保持核心本身的堅毅穩固。所以就算我使用亮片這些花俏配件，我的風格也絕對不會有所動搖。植物對我來說，同樣也是屹立不搖的存在，我想這就是兩者相同的部分。

川：我也有這樣的經驗，所以能夠感受到這些話的重量。正因為歷經了各式各樣的故事，在自己心中便會更加堅定地抱持「本就該如此的事＝不為所動的核心」這樣的信念，這點讓我非常的尊敬，而她對植物也是同樣的觀點，令我覺得很有趣。

派：謝謝。還有，雖然我的房間很摩登風，不過不是60年代那種死板的摩登，而是比較有機性，且融入古典風格，不會跟著流行隨波逐流而消逝，因此也不會看膩。比如說這張蛇皮的椅子，是設計師羅伯特卡沃利（Roberto Cavalli）送的。還有，這張桌子是70年代在路邊撿的唷！後來我才知道，這好像是某位名藝術家的作品；我只是隨手將它撿回家，沒想到是非常有價值的東西。並不是因為它有價值所以覺得好，而是我從本身設計師的角度來看，覺得「這真不錯！」我信賴自己的美感。這些家具已經擺40年以上了，我仍然不嫌膩呢！

不論植物＆時裝
造型就是表現自身美感的舞台

派：植物的裝飾設計和時裝的造型設計，就美感的表現方式來說，我認為是一樣的。不過植物是會自己成長，比較自然的東西；而時裝則是人製作出來的，這就完全不一樣了。

川：說到表現這個詞，我以植物為庭園或房間作裝飾時，總是無法從同業的人中獲得靈感。反而會將從時尚或室內設計等不同領域中留有印象的事物，烙印在自己的腦海中，並活用於工作上。所以我想，雖然兩者是看似完全不相干的領域，但我卻能在表現這個部分得到靈感，某種意義上來說，我們的工作其實是很相似的。如果能將派翠西雅小姐設計的時裝和我的植物MIX，一定會很有趣，所以我一直希望能有機會可以合作。她高超的品味，藉這次委託的機會，雖然各自領域不同，仍給了我相當棒的刺激。

派：我的領域也有像盆栽一樣，將植物

與文化融合在一起的表現。舉例來說，時裝這方面，人類在1000年前是獵殺動物後穿牠的毛皮，但經過時代變遷，已經有了很多的改變。雖然領域各有差異，但對美的表現卻有共同點，這點相當有趣。

talk with...

Daiki Suzuki

(NEPENTHES AMERICA INC.「ENGINEERED GARMENTS」Designer)

擔任NEPENTHES AMERICA INC.代表的ENGINEERED GARMENTS設計師鈴木大器。

透過共同朋友介紹會面後，相繼舉行了紐約的初次個展及設計方面的聯名合作，

甚至可以說如果沒有他，川本將難以想像現在在紐約的生活。

兩人交流的契機和今後合作的預定計畫為何呢？

鈴木大器／*Suzuki Daiki*
NEPENTHES AMERICA INC.代表，ENGINEERED
GARMENTS設計師。1962年生，經歷進口衣料
販售公司的進口商品銷售員、男性雜誌專欄作
家、設計師等職業，於89年進入NEPENTHES
後，移居美國。居住過波士頓、紐約、舊金
山，97年起在紐約開設工作室。99年開始經營
ENGINEERED GARMENTS品牌。06年開始兼任
Woolrich Woolen Mills的設計師。09年獲得由
美國《GQ》雜誌及CFDA（美國時尚設計師協
會）舉辦的年度設計師大獎——美國最佳新銳
男裝設計師獎（Best New Menswear Designer
in America）第一屆冠軍，並入會成為日本第一
位CFDA的正式會員。

Nepenthes New York
West 38th St. New York, NY 10018
Open: Mon–Sat 12–7pm, Sun 12–5pm

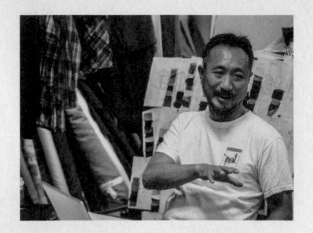

talk with... **Daiki Suzuki**

邁向NY的初次個展＆店鋪開幕
相會後更延伸合作聯名設計

鈴木（以下簡稱鈴）：一開始見面的契
機，是共同的友人向我提起阿諭（川
本）要在紐約開個展，正在尋找當地是
否有能夠幫忙的人。

川本（以下簡稱川）：沒錯。因為早就
久仰大器先生的大名，心想「哇！竟然
可以跟大器先生見面！」NEPENTHES是
我在高中時期放學後就常常去逛，還會
存錢買衣服，現在依然非常喜歡的品
牌，所以心裡真的覺得非常驚喜。他甚
至也幫忙我確認紐約的店面，真的受了
他很多照顧。

鈴：我在實際見面之前，就常聽友人提
到阿諭，所以即使是第一次見面，也很
不可思議的完全沒有陌生感。見面時，
我覺得他是個細心又很客氣的人喔！可
以感覺到他總是打扮得很時尚，也很喜
歡服飾。像我平常就有點邋邋遢遢的感
覺呢（笑）！

川：沒有沒有，才沒有這回事啦！對我
來說，可以來大器先生的事務所就是件
很厲害的事了，看到你在這張桌子上畫
設計圖的樣子，心裡就會想「接下來就
要誕生新作品了呢！」可以親眼見識到
服裝誕生的現場，受到了很棒的刺激。

鈴：我看到阿諭的設計圖時，也覺得很
厲害，嚇了一大跳呢！

川：謝謝稱讚（笑）。大器先生創作出
的服飾，一直給我驚嘆的感覺，我在打
造設計空間時，也受了不少影響。

鈴：可以從和植物不同的領域獲得影
響，阿諭的思考方式真的很柔軟耶！不
會堅持一定要這樣作才行，反而會從各
種角度來看待事情。我對這樣的想法很
有同感，雖然我不會自己縫衣服，不能
說是製作，但是可以將各種素材和技術
組合起來，感覺自己正在進行一場時裝
秀，我想阿諭也可以感受到類似的感
覺。雖然從一個全新的環境中打造出令
人驚嘆的事物，也是一種創作，但將植
物和古董等現有的東西進行組合，再創
作出新的作品，這只有品味好的人才辦
得到。將手繪類的物品加入作品之中，

感覺也很棒。

川：在店鋪內舉辦的初次個展的作品，
就是將手繪和植物作組合呢！

鈴：店鋪兼展場的組合相當有趣。我自
己的個展，都是畫和照片比較多，所以
也曾想過展示不同的東西，當聽到以植
物為主題時，心裡就想著說不定會很有
趣。

川：舉辦個展時，同時也開了限定賣
場。大器先生幫我製作了印有GREEN or
DIE這個主題的手繪圖的T恤，真的很開
心。

鈴：說到一起製作的品項，背心和圍裙
也是特別訂作的呢！

川：在這個事務所從挑選布料開始討
論……讓人感到非常滿足。擺在紐約店
內限定販賣的衣服，在日本則是當作員
工的制服。還有，我也參與了2014年秋
冬T恤圖樣的繪製。

鈴：沒錯。我看到阿諭畫的粉筆手繪圖
相當漂亮，本來想要模仿，結果完全不
行（笑）。所以才會拜託阿諭。

位在開設紐約店鋪的大樓上層的工作室，是擺滿了樣本布料和設計圖，同時也是為川本的創作帶來重大影響的服裝誕生之地。

以柔軟的設計創意
將植物和時裝推向更接近的境地

川：對大器先生來說，植物是什麼樣的存在？會在身邊擺植物嗎？

鈴：雖然不會在身邊擺植物，不過我會使用花卉和植物圖樣的布料設計服裝，或購買植物之類的。我東京的店雖然是服飾店，但同時也帶有時尚生活用品店的要素，現在也販賣植物。我這邊是將服飾店稍微拓寬領域，販賣一些植物；阿諭則是相反，除了販賣植物，也有生活雜貨和服飾，有種漸漸將兩者融合的感覺。

川：我一直想將植物和時裝作更多的結合。ENGINEERED GARMENTS 2014年秋冬的時裝，也在拍攝時採用了乾燥花作的胸花，我認為將自然的東西和服裝結合，可以創作出更有趣的造型。我自己

也常在帽子上加一片尤加利葉，如果能有類似的創意，我想我會很不錯。另外我也會在外套的口袋裡插鮮花，或像雜草的葉子。

鈴：這次的時裝，我從「好像少了些什麼」這樣的意見中，得到加上胸花的靈感。對我來說，我對胸花的印象，一直停留在30年前某些設計師品牌會出的設計，所以我覺得阿諭的想法很新鮮呢！

川：我對胸花一直有著人造產物的印象，所以希望能賦予它更自然的形象，這次以它作為造型點綴的契機，讓我也參與了時裝的製作。如果還有機會，我想要作一些園藝師都想不到的事。希望還能一起合作這麼有趣的計畫。

鈴：雖然我也想試試看帶有許多配件和植物的拍攝，但總是趕工到期限之前，實在是沒有訂定計畫的餘力⋯⋯不過設計完成後，如果在行銷方面作點什麼我

想應該會滿有趣的，將來也想嘗試看看。想要將店裡的一部分，甚至全部，改造成叢林一次看看（笑）。

川：利用我家的後院作一些裝置藝術品類的作品似乎也很有趣喔！服裝方面，在衣服上放一枝樹根或丟下一片葉片的設計，感覺很有我的風格。不必事事都先規劃清楚，我想這樣更能表現植物的特色。

邁向更高境界的關鍵
是持續挑戰＆直覺力

川：我並不會保持定期作出幾件作品，不過像服裝，在不同季節會各有主題對吧？這些主題的靈感都是怎麼來的？

鈴：每年會有兩季，春夏和秋冬，雖然靈感常常是突然就來，不過最基本的還是尋找題材。並不會特意去決定一個主

題，一定是找很多個題材，或回想以前看過、穿過的東西，再來思考。找出一個題材後，再衍生更多的想法。但是在找到題材之前會一直處於模糊狀態就是了（笑）。

川：比如說出差的時候，看到當地有些新的東西，會想「這個可以用！」這樣嗎？

鈴：去的時候會這樣想呢！會想「這個可行嗎？」不過，通常這種在某地方突然發現的東西，對它的喜愛也會淡的很快。結果常常還是定案於一些廣為人知的東西。在這個業界，靠靈光一閃就決定主題的人很多，但我如果這樣作，恐怕客人會難以理解，和品牌的設計也會有所出入。不論過程如何，最後總是留下自己認為「這個OK」的題材，即使一開始覺得「這題材很不錯喔！」只要中

途認為「這應該還是不太行！」就算已經投注了相當的精力，還是會放棄。

川：製作時會感到不對勁嗎？

鈴：會覺得有不協調感，作了之後會產生很奇異的感覺。到了我現在的年紀，即使拚命找、拚命抓，也很難得到全新的感覺。加上我認為還是當地人和在那裡生活的人的想法比較有趣，因此我想慢慢詢問他們的意見，吸收一些良好的影響會更好。阿諭有想過下一個階段嗎？

川：下一個階段嗎？我還在尋找中，因為現在還無法好好地以言語表達出來，有種本領還沒100%發揮出來的感覺。不過，如果對作品和造型多少有點同感的人增加了，我會覺得很開心，也希望能夠打造更多這樣的空間。

鈴：在藝術的感覺中，店鋪這項要素，

感覺也會是一個加分點呢！我很期待你之後的表現。

川：直到一年半前，我從沒想到會在美國開店，之後會發生什麼事也都無法預測，但我想只要確實地去作想作的事，多接觸各領域的人，如果能激起一些意想不到的化學反應，一定會更有趣。我很重視我的直覺，想作的事一定會去挑戰看看。

ENGINEERED GARMENTS×GREEN FINGERS NEW YORK聯名設計的限量工作圍裙與背心。鈴木和川本從要作什麼樣的品項開始討論，設計完成後的商品，只在GREEN FINGERS NEW YORK限定販售，有咖啡色和條紋兩種款式。衣服也用來作GREEN FINGERS日本店的工作人員制服，並設計了女裝尺寸。

Collaboration

HIGASHIYA

為了紀念開設於銀座與南青山，將傳統日本之美進化為現代感的和菓子店HIGASHIYA開幕十周年，店家推出了融入各種創意，及與各方聯名合作的限定款一口果子。第三款點心（2013年11月1日至30日的限定商品）連同包裝均是由川本設計。主題定為Precious Gifts From The Forest，令人思念起日漸染紅的秋色，一口果子彷彿就像是滾在森林中的小橡果。（HIGASHIYA GINZA：東京都中央区銀座1-7-7 ポーラ銀座ビル2F）

95

GANT RUGGER
2014F/W
collection preview

GANT RUGGER的2014秋冬時裝。以GREEN FINGERS為靈感的時裝，是將花園、植物與花卉、慢食運動作為焦點，以生活風格全品項品牌為形象發表。與川本 諭合作的契機為負責人閱讀了《Deco Room with Plants》，加上欣賞到店鋪及川本 諭的世界觀，獲得不少啟發。川本 諭因此受邀擔任collection preview的裝置藝術及宣傳影片等製作。「以本店和川本 諭為品牌形象。」從設計師的話中可以發現，手繪粉筆畫也採用了以店鋪後院為靈感的設計。

GANT RUGGER原宿

2014年9月5日,美國老牌名店GANT於2010年誕生的副牌GANT RUGGER,在亞洲的第一家旗艦店GANT RUGGER 原宿,於東京神宮前開幕。

2014年秋冬時裝的主題,由於是從GREEN FINGERS所獲得的靈感,故請川本 諭負責原宿店的空間設計。以富含個性的植物,為有著白色磁磚和木紋板,乾淨整潔的店內增添一些刺激的元素。

東京都渋谷区神宮前3-27-17 WELL原宿1F
Open: 11–8pm
http://www.gant.jp/

GREEN FINGERS
2014S/S

GREEN FINGERS 2014年春夏的作品。「每年一度,表現出自己想展現的世界觀。」川本 諭保持著這樣的想法進行創作,今年的主題為晚餐會的100年後。表現出區域內殘留著似乎有人待過的氣息、銀製餐具和餐盤散落於地、長年被遺忘的餐桌已叢生植物的光景,打造出一個整潔漂亮的環境,彷彿因時間消逝而顯得滄桑,滿溢著懷舊氣息的空間。

～在紐約開設 GERRN FINGERS 之心路歷程～

「想在國外開個展」從定下這個決心起，便開啟了紐約的心路歷程。可以說轉瞬即逝的這一年，包含旅行、和人的相遇、面對自己的表現等，也可說是川本 諭經歷人生轉機的一年。開設新店鋪作為表現的舞台，這種新風格是否合於當地人的感覺呢？ 在不斷地自問自答之下，以培養至今的品味和時常採納嶄新感覺的心態，不斷迎接挑戰的他，將傾訴對紐約的感想和今後的抱負。

HISTORY IN NEW YORK

世上存在著表現自己想作的事，並從中得到收穫的人。
我想這就是一種自我風格吧！

**去紐約的契機是找尋開個展的場所
而店鋪則是表現自己的舞台**

2014年9月GREEN FINGERS NEW YORK迎接了開幕一周年。直到一年前，我都沒想過自己會在紐約開設一家店。現在回想起來，這一年真是充滿了只能說是命運的各種相遇。

決定去紐約旅行的契機，是為了找尋可以開個展的場地。在一切仍是未知數時，只有要在紐約或巴黎等城市開個展

這件事，內心是確定的。最後會選擇紐約，只是基於「沒有去過這個城市，總之先去看看吧！」這樣簡單的理由。當我到了紐約，並在此度過一段時間後，我感受到紐約的環境和文化已經深深影響了我。那時候心中有個感覺：「我想在這個城市表現一些什麼。」這也成為堅持信念的契機。我希望能相信自己的直覺。

接下來終於開始正式尋找開個展的場所。但是找了好幾個地方，都覺得不合

適。如果要借大型的展覽館，成本方面也是個問題。我想如果一個場所是所謂適合的地方，我對它應該也會有不同的感覺，但是它和我心中構想的，可以展示我想表現的形式的場所終究不一樣。除此之外，在紐約參觀各種販售植物的店鋪時，會不斷湧現「如果是我來作，應該會這樣表現」的想法。這時我心中浮現出一個答案，去租借幾個箱子，將它們當作我獨一無二的表演場地。如此下定決心後，觀感也有所改變，開始找

租借建築百年以上的老公寓，自己重新粉刷裝潢。從窗外看到的紐約街景，充滿了身在紐約的實感。

尋可租賃的空間，最後終於找到現在租的地方。以時間來說大約是半年內，在第三次來美國時就簽下了契約。

當時只是為了開個展而去紐約，因此決定開店之後，碰到許多像是必須在美國創設公司、內部的裝潢設計……等棘手的事情。不過，我的個性是想作就會作到底，所以只能一直往前進。遇到問題時，再想辦法解決就好。現在店鋪也順利迎接開幕一周年，並且有幸參與各種計畫。在這樣的生活中，我依然認為我作的事情是正確的。

公寓簽約，迎接新的人際關係

在紐約開始的新生活

會想到要在紐約租房子，是因為在紐約已經待了好幾個月。之前一直都住在飯店裡，但因為每次都要預約飯店相當麻煩，乾脆租間房子比較方便。最後，租了一間離店鋪只要走路就能到的公寓。這間公寓可以隨意粉刷牆面的顏色，改變裝潢也OK，在忙碌的時候，蒐集裝飾房間的家飾品，也是一種轉換心情的方式。不過，因為房間在公寓四樓，要搬大型物品時相當不方便，這倒是它的缺點呢！

另外，到紐約之後，更加拓展了人際關係。在聚集了各式人種的紐約，我遇到許多和自己的感性十分合拍的人。在這裡認識的人對我而言，都是非常重要的人。我能夠在異國毫無窒礙的往前行，無非是因為和這些人相遇。我再一次深切地感受到人與人之間的連結。

最希望在紐約實現的
自我本身風格是？

店的經營方式和販售方式，日本和紐約有什麼不同呢？我每一天都在摸索。當然客人喜歡的話就會買，這種感覺應該是一樣的。再來就是比起日本，似乎美

將空曠的室內，慢慢增添自我風格的家飾。裝潢房間是轉換心情的好方式。

國喜歡室內裝潢的人比較多，他們相當珍惜在家的時光。從這個方向來看，會買小型盆栽或家飾雜貨的人或許也比日本多。這片土地的人們有什麼樣的需求，不親自接觸是不會知道的。自己在展現想表現的形式時，當地人的反應如何，是否有感覺上的不同……腦中會不斷湧入不安和不必要的想法，也曾經不斷煩惱「要是進行得不順利怎麼辦？」不過，當自己投入活動中研擬策畫時，我注意到我最希望的，是顧客能夠以展覽的眼光欣賞我的作品，並從中獲得一些感觸。要好好地展現自己要表現的事物，並讓人欣賞的心意，這樣的信念越

來越強烈。在製作以商業為目的的商品的同時，也希望不要迷失了原本的初衷。考慮到最後，我認為店鋪還是需要具備一些展覽館的要素。表現出自己的想法，顧客看到後下單，或從中獲得感觸，這樣的經營風格才是最適合我自己的。

毫不動搖心境，持續表現
展現出更寬廣的一面

因為將店面當作展示的場地，也有許多從這裡衍生出的工作。一開始是某人在某處看到我的作品後，實際前來店面拜

訪，接著被店內的氛圍所吸引。GANT RUGGER和FILSON等都是因此而有了進一步的合作。舉例來說，在紐約店鋪後院拍攝的GANT RUGGER影片，利用網路在全世界播送。除了喚起人與人之間的連結，也從此拓寬了新的世界。像這樣延伸更多的連結是一件很有意思的事。有了這些經驗，我更加感到店鋪的重要性。所以依季節定期改變內部裝潢也是必要的事。在我的作品中得到一些想法，再次前來店裡的人，如果看到和之前一樣的風景，那就太無趣了！

有後院的房子是先決條件。僅僅花了一年，便在紐約的曼哈頓開設店面。

踏出實在的一步
聚焦川本 諭的今後

今後呢，如果能夠打造出親自規畫室內裝潢的公寓飯店就更棒了。店鋪要表現出自我風格的一面，這點一直沒有改變，我希望紐約分店能更強烈地帶出這些要素。雖然也有著想在其他國家表現自己的心情，但現在還是十分忙碌。目前先是接下了在西海岸的計畫，正忙著籌劃構想。再來，我比較有興趣的地方是巴黎，我想一定能感受到和紐約不同的反應，希望能挑戰一次。另外日本方面，在前一本作品《Deco Room with Plants》也有登場，我從2010年到2014年實際住過的平房，改建而成的概念店+工作室The FLAT HOUSE也開幕了。洋溢著泥土般古董氛圍的空間，我親自經手了從裝潢到傢飾的整體造型設計。在店鋪方面，我選擇能夠不經意表現出製作人視角和感性，兼具高質感和創造力的品項，並以它們來進行策畫。店內的商品與The FLAT HOUSE的網路商店（http://www.theflathouse.jp/）同步販售，歡迎參考看看。

我認為無論到了幾歲，持續學習是相當重要的一件事。看了各式各樣的東西，即使將它們烙印在腦海中，那份感覺也會隨著時間消逝而變得淡薄。因此在一生中，看盡各種東西，盡情地感受，不斷地吸收新的感覺並持續進化，是相當重要的。如果不常常去感受一些新鮮有趣的事物，自己也會變得了無生趣。

之後還有許多想要挑戰的事，所以我不會改變立場，將繼續來回日本全國及世界各地，不斷地前進下去。

About
GREEN FINGERS

~關於 GERRN FINGERS ~

本單元將介紹各有特色的日本六家分店,及開設於紐約的店鋪。除了以獨特眼光蒐集到的植物,連雜貨和家具,都有著GERRN FINGERS特有,能與植物相互襯托的絕妙氛圍。只要擺放一盆,便能為室內帶來全新的風情,讓你體會到至今生活中從未感受過的新鮮感。不妨抽空來店裡逛逛,充分感受一下和植物共同生活的悸動心情。

The MARKET by GREEN FINGERS

2013年，以GERRN FINGERS第一家海外分店開幕的
紐約店，是一家在曼哈頓街頭也相當吸睛，店內洋
溢著藝術及文化氣息，能夠充分感受到GERRN
FINGERS世界觀的店。它同時是個能夠表現自我藝
術風格的展覽館和工作室，並為顧客提案許多以植
物增添生活情趣的新點子。另外，店內講究的藝術
品、家具、傢飾等裝飾細節，也是顧客裝飾空間的
絕佳參考。

5 Rivington street, New York , NY 10003 USA（於2015/3遷
移至現址）
TEL +1 646-964-4420
Open Mon-Sun 12-7pm
URL http://greenfingersnyc.com/

GREEN FINGERS

位於三軒茶屋閑靜的住宅區內的日本旗艦店，是一家
包含古董家具、雜貨、首飾裝飾品等，品項齊全的店
鋪。另外，能夠在這裡欣賞到其他地方分店罕見的植
物，也是本店的特色。7月時將迎接四周年紀念，重新
設置了植物吧台和工作區的店內，儼然是一個洋溢著
藝術家般洗練風格的空間。這裡也提供許多新鮮點
子，讓你只需在生活中添加一點元素，便能享受到和
以往不同的氣氛。

東京都世田谷区三軒茶屋1-13-5 1F
TEL 03-6450-9541
OPEN 12–8pm
CLOSE Wed

Botanical GF
Village de Biotop Adam et Rope

位於距離東京都中心不遠，洋溢著恬靜氣息的二子玉川購物商場內的店鋪。店內以室內植栽為主，有各式各樣種類及尺寸的植物。不但有一般罕見的奇形植物，更有原創設計且漆上各種色彩的美麗花盆和雜貨，讓顧客能夠充分享受以植物為主的室內裝飾搭配。

東京都世田谷区玉川2-21-1 二子玉川rise SC 2F
Village de Biotop Adam et Ropé
TEL 03-5716-1975
OPEN 10–9pm

KNOCK by GREEN FINGERS

設立於室內裝潢店家林立的商場入口處，從大型家具到雜貨、布料，商品一應俱全的KNOCK by GREEN FINGERS，是一家能激發顧客找到搭配室內或空間氣氛，來擺設植物的方法或創意構想的店。從種類豐富、個性鮮明的植物，到充滿男性風格的室內植栽，品項齊全，歡迎蒞臨參觀。

東京都港区北青山2-12-28 1F ACTUS AOYAMA
TEL 03-5771-3591
OPEN 11–8pm

KNOCK by GREEN FINGERS MINATOMIRAI

2013年開設於橫濱港未來21的購物商場ACTUS
Minatomirai內的KNOCK by GREEN FINGERS
MINATOMIRAI，是一家擺滿店家精心挑選，有
著豐富個性的植物和盆栽、雜貨及園藝工具
等，貨品齊全，能夠一次購足。店內充滿能夠
輕鬆運用於室內裝飾的小型植物，能夠一下子
改變房屋整體氛圍、令人印象深刻的室內盆
栽。店鋪就位於車站外，交通便利，有機會請
務必前來參觀。

神奈川県横浜市みなとみらい3-5-1
MARK ISみなとみらい 1F　ACTUS Minatomirai
TEL 045-650-8781
OPEN 10–8pm（六日・國定假日・國定假日前天為10-
9pm）

KNOCK by GREEN FINGERS TENNOZ

開設於生活雜貨店家林立的天王洲新購物中心SLOW
HOUSE內的店鋪。除了圍繞著入口處的各色植物，在二樓
也可自行挑選玻璃容器和植物，製作出獨一無二的玻璃
盆栽。

東京都品川区東品川2-1-3 SLOW HOUSE
TEL 03-5495-9471
OPEN 11–8pm

PLANT&SUPPLY by GREEN FINGERS

植物種類齊全，即使是剛開始培育植物的新手，也可
以簡單融入的店。歡迎親自到這個店長引以為傲，以
原創粉筆藝術畫裝飾的空間，體會生活中有植物相伴
的樂趣。

東京都渋谷区神南1-14-5 URBAN RESEARCH 3F
TEL 03-6455-1971
OPEN 11–8:30pm

Profile

川本 諭 / GREEN FINGERS

發揮植物原本的自然美和經年累月變化的魅力，提倡獨特設計風格的園藝師。發揮領導專長，開設日本六家店鋪和紐約分店，除了運用植物素材之外，並跨足雜誌連載、店面空間設計、室內設計、FORQUE婚禮顧問平台指導等，以設計者身分活躍於各大領域。近年更以獨到的觀點，舉辦表現植物美感的個展和裝置藝術活動，積極開拓豐富植物與人類關係的場域。

國家圖書館出版品預行編目(CIP)資料

Deco Room with Plants in NEW YORK・紐約森呼
吸・愛上綠意圍繞的創意空間/川本 諭著. -- 初版. --
新北市：噴泉文化，2015.7
　面；　公分. -- (自然綠生活; 07)
ISBN 978-986-91112-9-4 (平裝)
1.家庭佈置 2.室內設計 3.園藝學
422　　　　　　　　　　　　　104007731

自然綠生活 / 07

Deco Room with Plants in NEW YORK

紐約森呼吸
愛上綠意圍繞的創意空間

作　　　　者／川本 諭
譯　　　　者／陳妍雯
發　行　　人／詹慶和
總　編　　輯／蔡麗玲
執　行　編　輯／劉蕙寧
編　　　　輯／蔡毓玲・黃璟安・陳姿伶・
　　　　　　　白宜平・李佳穎
封　面　設　計／李盈儀
美　術　編　輯／陳麗娜・周盈汝・翟秀美
內　頁　排　版／鯨魚工作室
出　版　　者／噴泉文化館
發　行　　者／悅智文化事業有限公司
郵政劃撥帳號／18225950
地　　　　址／220 新北市板橋區板新路 206 號 3 樓
電　子　信　箱／elegant.books@msa.hinet.net
電　　　　話／(02)8952-4078
傳　　　　真／(02)8952-4084

2015 年 7 月初版一刷　定價 450 元

Deco Room with Plants in New York　植物といきる。
心地のいいインテリアと空間のスタイリング
©2014 Satoshi Kawamoto
Originally published in Japan in 2014 by BNN. Inc.
Complex Chinese translation rights arranged through
Creek and River Co., Ltd.

總經銷／朝日文化事業有限公司
進退貨地址／235 新北市中和區橋安街 15 巷 1 號 7 樓
電話／（02）2249-7714　　傳真／（02）2249-8715

STAFF

作　　　　者／川本 諭
攝　　　　影／小松原 英介（Moana co.,ltd.）
　　　　　　　川本 諭（P.99 至 P.101）
插　　　　圖／川本 諭
設計・DTP／中山正成（APRIL FOOL Inc.）
編　　　　輯／寺岡 瞳（MOSH books）
　　　　　　　松山 知世（BNN, Inc.）
編　輯　協　力／深澤 絵（SATIE SUN co., ltd.）
協　　　　力／BAGSINPROGRESS（http://www.bagsinprogress.com/）
　　　　　　　Chari&Co NYC（http://www.chariandconyc.com/）
　　　　　　　FOREMOST（http://www.foremost.jp/）

www. greenfingersnyc . com

www.greenfingers.jp